AF358584

DESCRIPTION

D'UNE
MACHINE

inventée en Angleterre & perfectionnée
en Allemagne

POUR

BLANCHIR LE LINGE

très commodement & à moins de fraix,
qu'on ne fait ordinairement.

TRADUIT DE L'ALLEMAND
de Mr. SCHÆFFER, Docteur en Theologie
à Ratisbonne, Membre de plusieurs Academies,
Societés Oeconomiques &c.

à STRASBOURG

Chez JEAN GODEFROI BAUER, Libraire.

Et se trouve à PARIS

chez DURAND, Neveu, Libraire,
ruë St. Jacques.

M. DCC. LXVII.
Avec Permission.

"

QUESTION.

Comment peut-on blanchir le Linge sous les conditions suivantes?

I.) Sans leſſive. II.) Sans eau bouillante. III.) Sans chauffage particulier, & en certains tems même ſans bois ni feu. IV.) Sans chaudiere. V.) Sans auge. VI.) Sans vaſes & outils de blanchiſſage. VII.) Sans beaucoup de préparatifs ou ſans y en faire preſque du tout. VIII.) Sans blanchiſſeuſe. IX.) Sans qu'on s'apperçoive qu'il ſe fait une leſſive. X.) Sans que main d'homme touche au linge. XI.) Sans que le linge ſoit frotté, battu ou autrement maltraité. XII.) Sans en placement plus ſpacieux que deux pieds quarrés. XIII.) Sans que la place, où on lave, soit mouillée. XIV.) Sans avoir froid en hyver, ni souffrir trop de la chaleur en été. XV.) Sans que le Linge ait besoin d'être savonné plus d'une fois & cela le plus legerement qu'il se peut. XVI.) Enfin que tout le blanchissage s'acheve dans l'espace d'environ un quart d'heure.

*Pour le faire on n'a qu'à se servir de la Machine à laver nouvellement inventée, dont voici la description. *)*

---

*) Le Sr. *Hetzel*, habile Méchanicien à *Strasbourg*, fait cette Machine avec succès, de telle grandeur qu'on veut.

Le Couvercle du Lavoir, qui a deux pieds de diametre, donne la mesure

Weis Sc.

b
c

CHAPITRE I.

DE LA CONSTRUCTION ET DE LA FORME DE LA MACHINE.

§. 1.

LA nouvelle Machine à laver, dont je vais donner la defcription, avec celle des changemens, que mes divers eſſais bien des fois repétés m'ont determiné à faire à la maniere, dont elle a été dabord imaginée*), eſt compofée de deux parties principales; 1.) du *Lavoir aa.* Fig. I. 2.) du *Laveur ll.* Fig. II.

§. 2.

Le *Lavoir* (§. 1.) doit être fait par un

A 3

*) Il eſt fait mention de cette Machine à laver, telle qu'elle a été inventée en Angleterre, dans le *ſecond Tome* pag. 269. du *Magazin de Berlin*, Ouvrage periodique allemand, où Mr. *Stender* donne la defcription de celle, que Mr. le Baron *de Korff*, Ambaſſadeur à la Cour de Danemarc, a fait exécuter fous fa Direction à Copenhague.

Tonnelier ou par un Bacquetier ; il ne diffère guères d'un Cuvier ordinaire. Ce qui l'en diſtingue, c'eſt qu'on met à la place des anſes un *Portant* bien recourbé, pour pouvoir être tenu & transporté plus commodement. *voyez b b.* Fig I.

2) Dans chacun de ces portans on perce un trou qui paſſe en même tems dans la traverſe du couvercle du Lavoir à fin de pouvoir arrêter ce couvercle au moyen de deux *Chevilles. cc.* Fig. I.

3) En bas exactement au deſſus du fond il y a un *Robinet* pour tirer commodement l'eau ſàle. *d.* Fig. I.

4) Dans la partie exterieure du fond on entaille une croix de St. André, qui s'emboite avec le pied de même forme, de façon que le Lavoir tienne ferme & ne bouge point pendant l'opération. *e e.* Fig. I.

Il eſt de la plus grande importance que la ſurface interieure du fond & des parois du Lavoir ſoient de l'uni le plus parfait ; car les douves ſaillantes, les boſſes, nœuds ou pointes feroient neceſſairement de grands dommages au linge. Il faut auſſi choiſir avec ſoin le bois, dont on veut conſtruire le Lavoir, & à cet égard j'ai trouvé, que le *Pin fourmi* eſt le bois le plus propre à cet uſage.

§. 3.

Le *Laveur* (§. 1.) Fig. II. eſt compoſé de trois parties.

La Ie partie comprend *l'Axe f.* Fig. I. *a.* Fig. II. avec ſon *Bras de mouvement g. g. h.* Fig. I. *b. b. c.* Fig. II. & le *Collet. i. k.* Fig. I. *d. e.* Fig. II.
La IIde eſt le *Porte - Couvercle l. l. m. m.* Fig. I. *f. f. g. g.* Fig. II. & le *Couvercle* même, qui y eſt attaché *n. n. o. o. p. p.* Fig. I. *h. h. i. i. k. k.* * * Fig. II.
La IIIe eſt un *Plateau*, qui porte *ſix Battoirs* en forme de pieds de biche, au moyen desquels ſe fait l'eſſentiel de l'opération. *q. q. r. r. r. r.* Fig. I. *l. l. m. m. m. m.* Fig. II.

§. 4.

L'*Axe* (§. 3.) *f.* Fig. I. *a.* Fig. II. eſt coupé quarrément dans toute la partie qu'occupe le bras de mouvement: le reſte en eſt cylindrique, & percé de trous, qui repondent à celui du Collet.

§. 5.

Le *Bras de mouvement* (§. 3.) *g. g.* Fig I. *b. b* Fig. II. qui tient à tenon dans la partie équarrée de l'axe eſt garni ſur le devant d'un *Fuſeau*, qui tourne librement ſur ſon axe. *b.* Fig. I. *c.* Fig. II.

§. 6.

On place le *Collet* (§. 3.) *i.* Fig. I. *d.* Fig II qui reçoit l'axe, entre le porte-couvercle & le couvercle même. Il ſert principalement à ſoutenir l'axe du Laveur à la hauteur convenable, qu'on regle facilement au moyen d'une *Cheville k.* Fig. I. *e.* Fig. II. qui traverſe le collet & paſſe par un des trous de l'axe.

§. 7.

Le deſſus du porte-couvercle (§. 3.) *l. l. m. m.* Fig. I. *f. f. g. g.* Fig. II. eſt ceintré & percé au milieu d'un trou, par lequel paſſe auſſi l'axe du Laveur. Ce ceintre porte à ſes deux extrémités ſur deux *Appuis m. m.* Fig. I. *g. g.* Fig. II. qui traverſent le couvercle, & qui ſont retenus en deſſous par deux *Clavettes.* * * Fig. II.

§. 8.

Le deſſous du Couvercle (§. 3.) *n. n. o. o. p. p.* Fig. I. *h. h. i. i. k. k.* * * Fig. II. a une *Rainure*, qui reçoit dans toute la circonférence la ſaillie des douves. D'ailleurs ce Couvercle eſt renforcé en deſſus par une *Traverſe o. o.* Fig. I. *i. i.* Fig. II, comme on a déja remarqué.

§. 9.

Il auroit été facile de fixer l'axe au *Plateau* (§. 3.) *q. q.* Fig. I. *l. l.* Fig. II. au moyen d'une clavette; mais on a préféré de ſe ſervir d'une *Vis. n.* Fig. II. Les ſix battoirs en forme de pieds de biche ſont enchaſſés au plateau par leurs extrémités ſupérieures, comme on le voit dans les Fig. I. *r* Fig. II. *m.*

Tout ce qu'il y a à obſerver à l'égard de ces pieds, c'eſt que tout bois n'y eſt pas propre.　On n'y peut employer que celui qui ſe gonfle le moins dans l'eau, & qui n'eſt pas ſujet à devenir raboteux ni à s'effiler.　La leſſive eſt d'autant meilleure à proportion du ſoin qu'on a apporté à polir ces battoirs & à les rendre bien liſſes & unis.　Quand la lime douce a fait tout ſon office, l'uſage & le tems font le reſte: ils ſe liſſent d'eux mêmes par le frottement du linge & du ſavon. Au lieu qu'une negligence dans ce point ne peut que tourner au détriment du linge.　Les ouvriers, qui feront cette machine, me comprendront aiſément.

§. 10.

Encore un mot au ſujet du *Pied en croix de St. André.* (§. 3.) *s. s. s.* Fig. I. Il eſt fait de chène & taillé en deſſus de maniere que les entailles du fond du Lavoir s'y ajuſtent exactement & y tiennent bien ferme. *e. e.* Fig. I.　Ce pied eſt d'une très grande importance.　Il donne au Lavoir une immobilité, qui lui eſt abſolument neceſſaire pour bien mouvoir & gouverner le Laveur.　Le *Robinet* ne mérite pas moins d'attention.

C'eſt par ſon moyen qu'on peut donner
un écoulement très commode à l'eau immonde, ſoit que la machine ſe trouve à
l'air ou dans une chambre.

§. 11.

Telle eſt la forme & la conſtruction
de la Machine à laver.   J'ai lieu d'eſpé-
rer, que ceux qui compareront mon plan
avec celui, que Mr. *Stender* a publié,
appercevront auſſitôt les changemens,
que j'y ait faits, & me rendront la juſtice,
que je ne ſuis ni ſon écho ni ſon copiſte.
Cependant pour écarter tout ſoupçon à
cet égard, je vais mettre ſous les yeux
de mes Lecteurs trois choſes, qui diſtin-
guent ma Machine de la ſienne, & que
je n'ai empruntées de perſonne.

1. Dans la Machine, qui a ſervi à mes
premiers eſſais, une clavette fixoit le
plateau à l'axe du Laveur.   Cela fit
échouer les premières opérations. J'y
ai remédié parfaitement en ſubſtituant à
la clavette une vis de fer (§. 9.), que j'ai
fait tarauder bien avant dans l'axe & bien
ſerrer, & pour bien refermer l'ouvertu-

re, j'y ai fait couler de la cire fondue toute chaude.

2. Rien n'étoit plus rebutant dans la premiere Machine que la peine de verfer après chaque opération l'eau immonde. Cela obligeoit à lever & à tourner le Lavoir à chaque reprife. Outre que, malgré toutes les précautions, il étoit inévitable de mouiller la chambre, la tâche étoit en elle même ennuyante, & faifoit perdre du tems. Le Robinet (§. 2. 10.) que j'ai pratiqué tout au deffus du fond, fauve cet inconvénient.

3. Plus il importe au mouvement de la Machine que le Lavoir ait une pofition ferme & immobile, plus il étoit défagréable de n'avoir pas trouvé cette qualité neceffaire à la premiere Machine. Ce défaut ne pouvoit que retarder confidérablement l'opération & la rendre defagréable. Le pied que j'ai ajoûté de la façon mentionnée (§ 4.) y remedie fi bien que les perfonnes les plus foibles peuvent venir à bout de mouvoir la Machine.

Je paffe fous filence les autres changemens, que j'ai faits & qui ont contribué à donner à ma Machine une supériorité bienmarquée.

CHAPITRE II.

DE L'USAGE DE LA MACHINE ET DES E'PREUVES QU'ON EN A FAITES.

§. 12.

On peut dire en général, que la construction de cette Machine étant très simple, il ne faut pas beaucoup d'art ni d'apprêt pour la mettre en œuvre.

I. Avant que de procéder à l'opération, on met le linge sale dans de l'eau pure pour y tremper.

II. Après cela on le tord & on le savonne.

III. On met une certaine portion de ce linge savonné dans le Lavoir.

IV. On verse sur ce linge de l'eau tiède jusqu'à la hauteur de deux ou de trois doigts au dessus de la mise.

V. On ferme le Lavoir de son Couvercle, auquel on joint le Laveur, & on remuë ce dernier en le tournant par son bras pendant environ un quart d'heure.

VI. On fort le linge de la Machine, on le met dans de l'eau froide & pure, on l'éguée, & on acheve les autres opérations des leſſives.

Je n'ai marqué qu'en gros la ſuite des opérations. Quant aux obſervations qu'il convient de faire dans les cas individuels, les eſſais dont nous allons rendre compte donneront les lumieres neceſſaires.

Je rapporterai ces eſſais dans l'ordre, où ils ont été faits.

§. 13.

PREMIER ESSAI.

Préparation.

Pour faire ce premier Eſſai, on choiſit les pièces ſuivantes de linge ſale : 15 Chemiſes d'homme & de femme ; 15 Mouchoirs blancs & de couleur avec des taches de tabac ; 8 paires des Chauſſettes blanches ; 5 Bonnets d'homme & de femme blancs & de couleur ; 10 Serviettes ; 2 Nappes ; 4 Eſſuimains fins ; 4 Eſſuimains de cuiſine (torchons) ; 4 Tabliers de toile de coton & de futaine ;

7 Mouchoirs de cou blancs & de couleur ;
1 Veſte de futaine rayée à bouton d'os ;
6 Chemiſettes ; 6 paires de fauſſes Manches ; 6 Cravattes ; 2 paires de Manchettes de femme ; en tout 107 pièces.

Ce linge fut partagé en 10 miſes. Dans la 1. 2. & 3me on fit entrer les 15 Chemiſes. Dans la 4me les 15 Mouchoirs. Dans la 5me les 8 paires de Chauſſettes. Dans la 6me les 5 Bonnets & les 10 Serviettes. Dans la 7me les 2 Nappes & les 4 Eſſuimains fins. Dans la 8me les 4 Eſſuimains de cuiſine (torchons), 4 Tabliers & 1. Veſte. Dans la 9me les 7 Mouchoirs de cou & 6 Chemiſettes. Dans la 10me les 6 paires de fauſſes Manches, 6 Cravattes & 2 paires de Manchettes de femme.

La 1re miſe fut détrempée dans de l'eau tiède, les autres dans le ſavonnage des miſes précédentes. Après que le linge de chaque miſe fut ſuffiſamment ſavonné, on verſa ſur l'eau tiède des 8 premieres miſes un peu de leſſive ; ce qui diſpenſa de leſſiver à la 9me & 10me miſe. Obſervez que dans cet Eſſai & le ſuivant on n'a conſumé qu'une Livre & demie de ſavon ſec ; par conſéquent la moitié moins qu'il n'en faut à autant de linge dans la methode ordinaire de laver.

E ff e t.

Après que le linge de chaque mise fut remué dans la Machine près de 15 minutes on le trouva nettement blanchi audela de l'attente, avec cette différence néanmoins, que le linge fin de la 9me & 10me mise devint dès la premiere opération auffi net & blanc qu'on le put défirer: au lieu que le linge de la 4me, 5me, 6me, 7me & 8me mife quoiqu'en le fortant on put le prendre en gros, & quant à l'effentiel, pour lavé & blanchi, on ne laiffa pas de remarquer par-ci par-là des pièces, qui eurent encore quelques taches, ce qui obligea de les rejetter dans la mife fuivante; après quoi il fe trouverent parfaitement blanchies. Le linge de la 1re, 2de & 3me mife fut trouvé net & blanc auffitôt la premiere opération, hors les pièces qui étoient fort entachées par les piqueures de certains animaux. On apprendra ci - deffous comment il faut ôter de pareilles taches.

§. 14.

§. 14.

SECOND ESSAI.

Préparation.

On prit un certain nombre de Dentelles fines & longues, qu'on fourra dans une petite bourfe; un certain nombre de Coeffes piquées, de Mouchoirs de cou & Cravattes de moufſeline, & différentes autres pièces de linge fin de dames, qu'on ne lia point dans une bourſe. On partagea ces pièces en 2 miſes, on les laiſſa quelques heures dans de l'eau tiéde, & après les avoir ſavonnées, on les jetta dans le Lavoir. C'étoient en tout 62 pièces.

E ff e t.

Dans l'eſpace de près d'une demie heure tout le linge étoit parfaitement blanchi, ſans qu'on eut beſoin de le mettre la ſeconde fois. Les Dentelles même étoient d'une netteté qui paſſoit de beaucoup l'attente. Rien n'étoit dérangé, ni endommagé. Tous ceux qui en étoient

B

témoins, s'accorderent à juger, que principalement pour le linge fin & clair la Machine étoit souverainement recommandable.

§. 15.

TROISIEME ESSAI.

Après avoir fait faire chez moi les deux premiers essais, qui m'ont assez convaincu du succès, j'ai jugé à propos de laisser faire l'opération à quelque autre personne sans mon intervention & hors de ma maison. Une de mes cousines, femme très entendue dans l'économie, s'en chargea avec plaisir. On lui préta ma Machine, & voici comment elle s'y prit.

Le linge sale consista en 23 Chemises, 12 Chemises d'enfans, 10 Tabliers de couleur, 6 Mantelets de futaine & de toile de coton, 3 Jupes de futaine & de couleur, 15 paires de Chauffettes, 12 Mouchoirs de cou de coton blancs & de couleur, 12 Mouchoirs blancs & de couleur, 18 Cravattes, 4 Pourpoints avec des manches & des boutons; en tout 150 pièces.

On détrempa , on favonna &c. de la maniere fusdite : de même on verfa à chaque mife quelque portion de leffive , à l'exception des mifes triées fur le linge fin , où l'on ne fit point entrer de leffive.

E ff e t.

A ce que ma coufine m'a affûré, le fuccès a furpaffé tout ce qu'elle avoit ofé s'en promettre.

Au bout d'une heure & demie le linge fin fçavoir les 23 Chemifes & les 18 Cravattes furent déja fufpendues pour être féchées : & quoique parmi le refte il y eut plufieurs pièces qu'il a fallu mettre une feconde fois, on a trouvé, malgré ces reprifes, que par rapport au tems, à la commodité, à la propreté, à l'épargne du bois & du favon la Machine donne des avantages fi conliderables fur la méthode ordinaire, que ma coufine a eu de la peine à me la rendre.

§. 16·

QUATRIEME ESSAI.

Comme le linge des artifans, principalement de ceux qui travaillent au feu,

au bois &c. eſt ordinairement ſale &
craſſeux à l'excès, j'étois curieux d'eſſaïer
la Machine ſur du linge de cette ſorte.
Je la fis donc transporter dans la maiſon
d'un artiſan, qui put fournir matiere à
notre expérience; & voila le compte qui
m'en a été rendu.

Les pièces à blanchir étoient au nombre de 119 toutes extraordinairement
ſales. 12 Chemiſes de groſſe toile; 12
Chemiſes d'enfans; 2 Chemiſes fines;
18 Cravattes; 3 paires de fauſſes Manches; 9 Mouchoirs de cou blancs; 6 Nappes; 4 Serviettes; 14 Eſſuimains; 10
paires des Chauſſettes; 4 Veſtes de couleur avec des boutons d'os; 1 Pourpoint
rouge; 3 Jupons d'enfans; 8 Tabliers de
toile peinte.

A cauſe de la ſaleté exceſſive de ce linge
on ne put ſe diſpenſer de reverſer de la
leſſive à chaque miſe, & de mettre deux
fois la plûpart des pièces. Mais moyennant cela le linge ſe trouva ſi bien blanchi,
que cette perſonne encore, après avoir
éprouvé le grand avantage de la Machine, n'a pû ſe laſſer de la célébrer.

§. 17.

Quoique ces effais puiffent fuffire pour éclairer chacun de mes lecteurs fur l'ufage & fur les utilités de la Machine à laver, je vais néanmoins ajoûter quelques Règles dont l'obfervation eft de la derniere importance.

I. Règle.

Puisque, comme nous l'avons dit plus haut, la conftruction de la Machine décide de fon fuccès, on ne fauroit prendre trop de précautions pour éviter les fautes & les bévues à cet égard. Ce feroit donc à grand tort, qu'on s'aviferoit de décrier la Machine, quand on en auroit une qui fût mal conftruite.

II. Règle.

Qu'on ne fe rebute pas, fi par hazard l'ouvrage ne va pas à fouhait aux premiers effais ; il y faut une certaine adreffe & une routine qu'on acquiert par l'exercice. A chaque mife on avancera plus aifément en befogne.

B 3

III. R è g l e.

Comme il y a certaines taches & immondices, qui par la methode ordinaire
ne peuvent être effacées que difficilement
à force de frotter, & quelque fois point
du tout, comme p. e. les taches de fer,
de certains fruits & d'autres semblables,
on ne doit pas s'effaroucher, si pareil
accident arrive après l'usage de la Machine.

IV. R è g l e.

Si l'on fort de la Machine quelque
grande pièce nette & blanche à quelque
petite tache près qui y refte, il n'eft pas
même neceffaire de la remettre. On n'a
qu'à favonner de rechef une pareille tache
& la frotter legerement & doucement,
& elle s'en ira. Que fi elle s'obftine à
refter, comptez qu'elle eft du nombre
de celles qui auroient également affronté
les efforts de la methode ordinaire.

V. R è g l e.

Le linge parfemé de taches rouges,
qui viennent des piqueures de certains

animaux, ou d'une saignée, a indispen-
sablement besoin, avant qu'on le savonne,
de tremper dans de l'eau tiéde mèlé d'un
peu de lessive. A moins de cela on parviendra difficilement à les ôter tout à
fait.

VI. R è g l e.

L'expérience nous a fait connoitre,
que le linge savonné avec du savon bouilli
ne devient pas si blanc que celui, qui est
savonné avec du savon sec. Ainsi ce dernier doit avoir la préférence.

VII. R è g l e.

S'il arrive, que le linge ne paroisse pas
assez blanc quand on le sort de la Machine, mais qu'il tire plûtôt sur le gris,
il ne faut pas en prendre ombrage. Qu'on
le mette seulement dans de l'eau froide,
& qu'on l'y laisse une heure ou deux, &
l'eau trouble manifestera, combien il en
est sorti d'immondices : on s'en apper-
cevra encore d'avantage, quand après
cela on se met à rincer le linge dans cette
eau froide; ce qu'il faut toûjours faire,
pour achever de blanchir le linge.

VIII. R è g l e.

Qu'on se garde de jetter tout de suite l'eau écoulée du Robinet, après qu'elle a servi pour une opération. On y fait tremper d'autre linge sale, avant de le mettre dans la Machine. Par ce moyen on a l'avantage de l'épargne du savon.

IX. R è g l e.

Comme toute l'opération de cette nouvelle methode depend principalement de la position & du mouvement du Laveur dans le Lavoir, il faut avoir grande attention à ce que le Plateau avec ses Battoirs en forme de pieds de biche ne pose ni trop au dessus, ni trop au dessous du linge. Dans ce dernier cas les Battoirs balloteroient trop le linge & l'useroient. Dans le premier cas le linge seroit trop peu entrepris, & ne pourroit par conse-quent devenir blanc & net. Par la mê-me raison il faut aussi trouver la maniere la plus convenable de remuer la Machi-ne, pour quelle produise son effet le mieux qu'il est possible.

Voici comment il faut s'y prendre. On prend d'une main le bras de mou-

vement par le fuseau tournant, qui
est sur le devant, & on tourne le Laveur à peu près dans un demi cercle, de
façon qu'après avoir commencé p. e.
à tourner vers le côté droit aussi loin
qu'on peut sans changer de position, on
tourne incontinent à rebours vers le côté
gauche encore jusqu'au terme qu'on
peut atteindre sans bouger; bien entendu,
qu'il faut absolument ne faire qu'un demi
tour. On continue ce mouvement environ un quart d'heure & ce mouvement
alternatif fait que les Battoirs empoignent
successivement les pièces de linge les unes
après les autres, qu'ils se renvoyent tour
à tour les pièces, & que de cette maniere
la Machine travaille sur tout le linge.

X. Règle.

Puisque les vapeurs chaudes enfermées
sont une des principales causes, pourquoi
le linge se blanchit sans être chiffonné
ni violenté, il faut avoir grande attention non seulement à ce que le couvercle
quadre exactement au Lavoir, & qu'il en
couvre le rebord, mais encore à ce que
ce même couvercle ne soit jamais levé, à

moins qu'on n'ait achevé une mife. Les
Phyficiens n'ignorent pas, quelle eft la
force d'une vapeur chaude enfermée, &
comment par fon moyen la Machine Pa-
pinienne parvient à reduire les os les plus
durs en une efpèce de bouillie: &, pour
m'en tenir à un exemple plus connu,
d'où vient, que toute viande, quand
elle bout dans une marmite bien couverte,
devient fi tendre? n'eft ce pas la vapeur
enfermée qui produit cet effet? On comprend donc aifément, comment elle in-
flue plus efficacement dans la diffolution
de la graiffe & des taches dans le linge,
que ne peuvent faire la leffive, le frottement, le battement & l'ufage des brof-
fes à la methode ordinaire.

§. 18.

Je pourrois m'étendre fur les Règles,
qui peuvent contribuer plus ou moins à
rendre l'ufage de cette Machine plus facile & le fuccès plus certain; mais je
me perfuade, que l'expérience fuppléera
aux éclairciffemens, qu'on pourroit défirer. Les Règles, que je viens de donner, ne doivent fervir qu'à procurer une

ouverture à la fagacité & au difcerne-
ment des perfonnes, qui veulent profi-
ter de cette invention.

CHAPITRE TROISIEME.
RESOLUTION DE LA QUESTION PROPOSE'E.

§. 19.

Après avoir donné dans les deux Cha-
pitres précédens le detail de la conftruction de la Machine à laver & de la maniere de s'en fervir, je repondrai dans
celui-ci aux feize Conditions, que l'on
voit à la tête de ce petit ouvrage, dans le
même ordre que je les ai propofées. En
fe fouvenant des épreuves rapportées dans
le Chapitre fecond on trouvera chaque
circonftance exactement verifiée.

§. 20.
PREMIERE CONDITION.

Sans Leffive.

REP. La Machine fatisfait à cette condition, lorsqu'il eft queftion de linge
fin, fimplement fale.

On pourroit auffi l'affirmer générale-
ment de tout linge, qui n'eft pas de
trop groffe toile, trop entachée de graiffe,
ou de boue, Cependant le gros linge,
qui n'a point paffé par la leffive, devroit
être mis deux fois dans la Machine. Pour
éviter encore cela, & pour venir à bout
par une feule opération, il eft indifpen-
fable d'y mettre une modique portion de
leffive claire & peu acre, environ une
pinte ou même plus, fi la faleté du linge
l'exige, à chaque mife. Or cette portion
de leffive n'étant pas comparable à celle
qui fe confume par la methode ufitée,
je penfe qu'on peut dire, qu'à l'égard
de toute forte de linge la Machine remplit cette premiere condition.

§. 21.

SECONDE CONDITION.

Sans Eau bouillante.

Puisque l'eau tiéde fatisfait pleinement
à tous les befoins du linge dans la Machine & qu'il ne faut que très peu de
cette eau chaude, il eft clair, que l'ufage de l'eau bouillante feroit fuperflu, &
qu'il ne doit pas même en être queftion.

§. 22.

TROISIEME CONDITION.

Sans Chauffage particulier & quelque-
fois même sans bois ni feu.

REP. Par Chauffage particulier j'entends l'obligation, où l'on eſt reduit par
les methodes uſitées d'allumer & d'entre-
tenir pendant pluſieurs heures, ſouvent
même pendant des jours & des nuits en-
tieres, un feu ſeparé & particulierement
affecté à la leſſive.

Mais comme les opérations de la Machine n'exigent que de l'eau tiéde, un
ſeul pot d'eau bouillante peut donner à
une grande quantité d'eau froide le dégré
de chaleur neceſſaire. Or un ſi petit va-
ſe ſe met ſans embarras au feu de la che-
minée ou du poële en hyver, ou au feu
de la cuiſine en été. Il eſt donc évident
que la nouvelle methode n'exige point
de *chauffage particulier.* Et ſuppoſé
même qu'en certains tems on voulut faire
un feu ſeparé, il demeurera inconteſta-
ble, que ce chauffage conſume incom-
parablement moins de bois & dure beau-

coup moins que celui qu'on eſt obligé de faire ſelon l'uſage ordinaire.

Mais quel ſera le tems, où l'on peut laver dans la Machine ſans bois, ni feu? A cauſe de la ſaiſon avancée je n'ai pas pû en faire des épreuves. On ne peut donc donner, pour remplir cet article, que ce que Mr. *Stender* aſſûre, que le dégré de chaleur, que l'eau reçoit de l'ardeur du Soleil en été égale celui qui eſt requis dans la nouvelle methode. Ainſi on comprend au moins, qu'il eſt croyable, qu'en été en mettant l'eau au grand ſoleil, on peut laver dans la Machine ſans bois ni feu.

§. 23.

QUATRIEME CONDITION.

Sans-Chaudiere à laver.

J'entends par Chaudiere ces grands chaudrons, qu'on trouve ordinairement environnés d'un mur, & qui ſont deſtinés à faire bouillir l'eau, qui doit ſervir à la leſſive. Or comme on ne verſe dans la machine que de l'eau tiéde & qu'elle ne doit jamais ètre bouillante, ni excef-ſivement chaude, il ne faut à cette fin pour tout meuble qu'un gros pot, de ſorte que ces grandes chaudieres, qui or-nent les blanchiſſeries, deviennent entie-rement ſuperflues.

§. 24.

CINQUIEME CONDITION.

Sans Auge.

REP. La Machine la remplace.

§. 25.

SIXIEME CONDITION.

Sans Outils de Blanchiſſage.

REP. Comme le Blanchiſſage ſe fait, à proprement parler, dans le Lavoir, ou il n'entre que le Laveur, & qu'il ne faut d'ailleurs que deux vaſes, l'un pour y mettre tremper le linge, & l'autre pour le rincer, qu'en ſuite on le met tordu dans un panier, pour le porter dans le lieu où l'on doit l'étendre ou suspendre, l'attirail est très petit, & ne peut point passer pour outils vis-à-vis l'ancienne methode.

§. 26.

SEPTIEME CONDITION.

Sans beaucoup de préparatifs & sans y en faire presque de tout.

REP. Puisque tout l'apprêt de blanchissage dans la Machine se borne à tremper le linge, on peut, je pense, à bon droit appeller cela une petite préparation en comparaison de ce remue-menage & de cette variété de préparatifs, qu'occasionnent nos lessives ordinaires.

§. 27.

HUITIEME CONDITION.

Sans Blanchisseuse.

REP. On appelle Blanchisseuses, en prenant le terme dans sa plus étroite signification, ces femmes, qui s'engagent, soit

dans

dans les villes, ſoit aux villages, de laver & de nettoyer le linge, en le faiſant paſſer par l'eau chaude & froide, qui entreprennent à cet effet, moyennant un ſalaire ſtipulé, le linge ſale de tout un menage. On voit, que ce metier oblige à tremper, à frotter continuellement, & à avoir par conſequent les bras mouillés ſans ceſſe, à être debout, à ſe courber, à être ſouvent au grand air, à travailler de nuit. Tout autant de raiſons, pourquoi la plûpart de ces perſonnes vieilliſent avant le tems par une ſanté délabrée, ayant ſouvent des membres paralytiques, qui les obligent de quitter le metier. Comme la Machine diſpenſe de frotter le linge, ainſi que de tout autre travail fatiguant; qu'on peut la remuer debout, ſans jamais ſe courber, qu'elle n'aſſujettit en aucune façon à veiller, à s'expoſer au froid, il eſt évident que dans le ſens, que nous avons marqué, & ſur-tout, quand on n'eſt pas à portée d'avoir des blanchiſſeuſes, on peut s'en paſſer.

Mais quand on conſidére que la Machine ne ſe meut pas d'elle même, & qu'en outre il eſt indiſpenſable, qu'après le travail de la Machine le linge ſoit trempé de nouveau dans de l'eau froide; qu'il foit enfuite tordu, puis étendu ou fufpendu, feché & repaffé, on ceffera de craindre pour le pain des gens employés aux leffives. Les Blanchiffeufes demeureront ni plus ni moins des perfonnes neceffaires à cet ouvrage, avec la feule différence (qui certainement n'eft pas à leur défavantage), qu'elles pourront fervir plufieurs menages à la fois, & avoir plus fouvent de la pratique; & qui plus eft, elles conferveront jusques dans leur vieilleffe des corps fains & robuftes, & pourront par conféquent exercer plus longtems leur metier, qu'elles ne pouvoient faire en fe fervant de leur auge & des autres outils de la methode ufitée.

§. 28.

NEUVIEME CONDITION.

Sans qu'on apperçoive, qu'il fe fait une leffive.

REP. Comme le linge fe lave dans la Machine à couvercle fermé, & tellement, que dans toute l'opération on ne voit que le mouvement de la partie superieure de la Machine, il est évident, qu'on ne peut pas appercevoir le linge dans un cuvier, qui n'a point d'endroit transparent, & qu'un homme, qui voit la Machine sans en connoitre la destination, ne se doutera pas, qu'il s'y fasse une lessive; on aura même de la peine à l'en persuader.

§. 29.

DIXIEME CONDITION.

Sans que main d'homme touche au linge.

REP. A prendre le terme de laver dans le sens le plus étroit, il y entre necessairement l'idée d'un frottement du linge sale, qui se fait par les mains, & qui se continue jusqu'à ce que la pièce soit nette & blanche. Or puisque dans la nouvelle methode le linge se lave uniquement au moyen du Laveur, remué dans l'enceinte du Lavoir fermé, & que ce mouvement suffit pour ôter la graisse & les taches, il est visible, que le linge n'a pas besoin d'être touché par les mains, pour être blanchi.

Mais de favoir, fi l'on peut fe paffer de main d'homme pour remuer la Machine, pour tremper le linge dans de l'eau froide, pour l'étendre ou fufpendre, le fecher, & repaffer, c'eft une queftion différente, où tout homme fenfé decidera negativement.

§. 30.

ONZIEME CONDITION.

Sans que le linge foit frotté, battu, ou autrement maltraité.

REP. Comme la Machine n'opére fur le linge, que par le miniftere des battoirs en forme de pieds de biche, & cela d'une maniere très douce fans aucun effort violent; on voit, qu'il n'eft point queftion du tout, ni de frotter, ni de battre, ni d'autres cérémonies affommantes, qui font fi grand tort au linge.

§. 31.

DOUZIEME CONDITION.

*Sans qu'on ait besoin d'un emplacement
plus spacieux, que deux
pieds quarrés.*

REP. Puisque le blanchissage proprement dit s'acheve dans l'enceinte du Lavoir, & que celui-ci n'a dans son plus grand diametre qu'environ la valeur de deux pieds quarrés, il s'ensuit, que cette dimension determine la place qu'il faut pour laver dans la Machine.

§. 32.

TREIZIEME CONDITION.

*Sans que la place, où on lave, soit
mouillée.*

REP. Comme le blanchissage se fait dans l'interieur du Lavoir, & à couvercle fermé, il est très aisé à éviter qu'il se repande une seule goutte d'eau; & pour peu, qu'on prenne garde en versant, ou en faisant couler l'eau tiéde, tout demeure sec.

§. 33.

QUATORZIEME CONDITION.

Sans avoir froid en hyver, ni souffrir trop de la chaleur en été.

REP. Qu'on s'abstienne à laver avec la Machine au grand air, soit en tems d'hyver, soit en tems d'été, mais qu'on fasse l'ouvrage dans la premiere saison dans une chambre chauffée, & dans la derniere dans un endroit frais, & la condition sera remplie.

§. 34.

QUINZIEME CONDITION.

Sans que le linge ait besoin d'être savonné plus d'une fois, & cela le plus legérement, qu'il se peut.

REP. Pour cet article il faut le limiter. Quand on a du linge fin & peu sale,

il n'a befoin fans doute d'être favonné
qu'une fois, & cela legérement, mais pour
le linge de groffe toile, ou qui eft extraordinairement fali & taché, il faut que
l'infpection decide chaque fois de ce qui
eft à propos de faire.   On ne dira pourtant pas, que fur cet article la Machine
foit en defaut, quand on reflèchit, qu'au
cas même, où l'on eft obligé de favonner largement, on confume beaucoup
moins de favon qu'à la methode ordinaire.

§. 35.

SEIZIEME CONDITION.

*Que tout blanchiffage s'acheve dans
l'efpace d'environ une quart
d'heure.*

Rep. Par un blanchiffage j'entends ici le
tems que chaque mife ou portion de linge
à laver doit demeurer enfermée dans le
Lavoir.

Or comme les épreuves ont conftaté,
qu'il ne faut pas tout à fait quinze minutes pour blanchir le linge le plus fale,
& que pour le linge fin il faut encore

moins de tems, nous pouvons dire har-
diment, que la Machine satisfait à cet
article.

§. 36.

Voilà donc ce Problême, qui a paru
si énigmatique à des personnes qui se
piquent de pénétration, résolu d'une maniere satisfaisante pour tout juge impar-
tial.

CHAPITRE QUATRIEME.

DES AVANTAGES DE LA MACHINE.

§. 37.

Je m'étois proposé d'entrer dans
le detail sur l'utilité aussi grande que
variée, que procure la Machine, &
sur les prérogatives incontestables qu'elle
a sur la methode usitée; mais j'ai si
fort anticipé sur ce sujet dans les Cha-
pitres précédens, & ce, que j'en ai
dit, fait déja si bien sentir ses avantages, que ce seroit rendre peu de justice

à la fagacité de mes Lecteurs, que de re-
nouveller mes efforts pour les en con-
vaincre. Il ne me refte donc qu'à faire
un petit refumé & à m'en repofer du refte
fur l'expérience de ceux qui voudront
faire ufage de cette excellente invention.
A force d'épreuves on parviendra non
feulement à en verifier les avantages déja
connus & à les fentir dans toute leur éten-
due, mais encore à en découvrir fuccef-
fivement de plus confidérables.

§. 38.

PREMIER AVANTAGE.

Epargne du Bois.

S'il eft vrai, que de nos jours l'épargne
du bois fait un point capital de l'économie d'une maifon, quel n'eft pas à ce feul
égard le merite de la Machine à laver?
Car comme il ne faut à cette methode que
de l'eau tiéde, on épargne à coup fûr les
trois quarts du bois, qu'on brûle fuivant
la methode ordinaire pour faire la leffive,
pour la tremper dans de l'eau chaude &
pendant tout le tems qu'on eft à laver.

Qu'on calcule à quoi peut monter cette consommation pour un grand menage, pour une ville, pour un païs, on sera étonné de la prodigieuse depense.

§. 39.

SECOND AVANTAGE.

Epargne du Savon.

Je n'ai besoin que d'indiquer simplement cet avantage pas moins considérable que le précédent. Il saute aux yeux de quiconque a daigné faire seulement quelques épreuves avec la Machine, & qui sçait par expérience combien les lessives ordinaires sont coûteuses.

§. 40.

TROISIEME AVANTAGE.

Epargne du Tems & des Gens à gages.

Combien n'importe-t'il pas pour la societé civile en général, & particulierement pour certains menages dans les villes &

à la campagne, que le tems foit fagement
employé, & que le travail foit tellement
diftribué entre les domeftiques & les gens
à-gagés, que toûjours un ouvrage donne
la main à l'autre, & que tout fe faffe avec
la moindre perte du tems.   Autre avantage de la Machine, lequel joint aux précédens,   la rend fouverainement recom-
mendable.   Ici on lave un nombre con-
fidérable de linge à la fois & dans un très
court efpace de tems,   & on gagne tant
par la diminution du nombre des
ouvriers que par le raccourciffement du
tems qu'ils font à nos gages; car comme
le moûvement de la Machine fe fait avec
tant de facilité, qu'on n'a que faire d'y
employer des perfonnes d'un âge mûr;
pour peu qu'un enfant ait de la force, il
fera cette tâche.   Qu'on en prenne donc
pour cette partie plufieurs qui fe relèvent,
cela leur donnera de l'exercice & occu-
pera utilement le tems de leur loifir.

§. 41.

QUATRIEME AVANTAGE.

Epargne des Vaſes & des Outils.

Perſonne n'ignore, que pour laver à la methode ordinaire il faut être pourvû, outre le panier, l'auge & le cuvier, de différentes ſortes de vaſes & d'outils. Attirail dont la premiere acquiſition coûte cher à ceux qui commencent à ſe mettre en menage, & qui ne s'entretiennent pas ſans fraix. Or en ſe ſervant de la Machine, on ſe paſſe de la plûpart de ces meubles Moyennant quelques pièces on vient à bout de tout.

§. 42.

CINQUIEME AVANTAGE.

Epargne de différentes depenſes.

Quelle diverſité de depenſes qu'occaſionne le blanchiſſage à la methode ordinaire : il faut de la cendre pour donner l'a-

creté à la leſſive; il faut faire relier par
le bacquetier les cuves & mettre en état
les vaſes & outils ; il faut des chandelles
la nuit; il faut donner la nourriture &
les gages aux blanchiſſeuſes & ainſi du
reſte. A quoi cela ne monte-t'il pas pour
un ſeul blanchiſſage ſeulement. L'uſage
de la Machine retranche d'abord pluſieurs
chefs de depenſes, & rabat conſidérable-
ment ſur celles qui reſtent à faire.

§. 43.

Sixieme Avantage.

Chaque place eſt commode pour laver.

Quel embarras que de laver à la methode ordinaire, quand on n'a point de
place qui y ſoit propre? Pour ſe procurer la commodité neceſſaire on fait conſtruire dans la plûpart des maiſons une
blanchiſſerie dans un emplacement particulier, & ſi l'on n'en a point, quel déſ-
agrement que d'être réduit à laver dans
les ſalons, ſur les galeries, corridors &c.
ſans parler du dégat & du tort qu'en re-
çoivent les maiſons. Or on a vû que la

Machine occupe une très petite place &
qu'on peut la placer partout également
bien.

§. 44.

SEPTIEME AVANTAGE.

Propreté & Conservation de la santé.

Combien n'est-on pas sujet à se mouiller
& à se salir aux blanchissages de la methode
commune? Combien de derangements
que les circonstances amenent? Combien
de fois n'arrive-t'il pas, que les mains
gercent par l'acreté de la lessive ou qu'on
se blesse à force de frotter? Le dos & les
pieds, surtout en hyver, ne sont pas à une
moins rude épreuve. La Machine au
contraire laisse tout sec & propre; du
commencement jusqu'à la fin point de
derangement, point de danger de gagner
un rheumatisme, une sciatique ou une
blessure.

§. 45.

HUITIEME AVANTAGE.

Conſervation du Linge.

Combien de linge qui s'abime avant le tems par le trempement dans l'eau bouillante, par l'acreté de la leſſive, par le battement, le frottement, ſurtout quand il ſe fait avec des broſſes ou des crins de cheval? La neceſſité où l'on eſt, d'avoir une forte proviſion de linge pour pouvoir ſe paſſer de leſſive pendant quelque tems, n'eſt-elle pas dure pour des perſonnes dont la fortune eſt modique. A la faveur de la Machine le linge eſt conſervé en bon état; il dure davantage, & on peut faire face avec une moindre quantité de linge, parcequ'on en peut laver de petites portions toutes les fois que l'on veut.

§. 46.

CONCLUSION.

Je crois pouvoir mettre fin ici à mon ouvrage. Ce que j'ai dit demontre suffi-famment, qu'on peut à bon droit appel-ler la Machine de la nouvelle invention *commode*, *utile & profitable* à tous égards aux menages. Que si l'usage même vient à me suggérer de nouvelles vûës & des directions pour s'en servir plus utilement, mon zéle pour le bien public m'engage-ra de les publier sans delai; & je serai obligé à ceux qui voudront bien en user de même envers moi.

F I N.

SUPPLE-

SUPPLEMENT.

Si le prompt débit d'un ouvrage étoit toûjours une preuve de l'utilité de fon contenu, je ne pourrois qu'augurer très favorablement du bon accueil avec lequel on a reçu la Diſſertation que j'ai publiée, il y a quelques mois, ſur la *nouvelle Machine à laver*; puisque l'on en a fait trois éditions en fort peu de tems. Mais j'ai par devant moi des témoignages encore beaucoup mieux fondés, que le ſervice, que j'ai tâché de rendre au public, ne fut point infructueux : l'inſpection de la Machine, ſon uſage, & l'expérience que des perſonnes très-inſtruites dans l'art de l'économie en ont faites avec ſuccès, parlent en ma faveur.

C'eſt ce bon ſuccès même qui m'a engagé de publier encore les nouveaux eſſais, que l'on a faits depuis, & qui peuvent ſervir à en rendre l'uſage plus connu, plus ſûr & plus utile. Cette methode de laver eſt encore trop récente, pour oſer ſe flatter d'y avoir déja atteint le plus

D

haut dégré de perfection & d'avoir approfondi toutes les façons de bien s'y prendre. Je rapporterai donc dans quelques nouvelles *Observations* tout ce qui peut fervir d'inftruction ultérieure & d'éclairciffement dans les effais que l'on fera dans la fuite.

PREMIERE OBSERVATION.

En recommandant la nouvelle Machine à laver, j'ai fait mention des effais, qui ont été faits tant par moi même, que par d'autres perfonnes *), & j'ai prouvé par-là, que la propofition n'eft pas une penfée creufe, ou un projet conçu feulement dans le cabinet, mais une affaire d'expérience. Non obftant cela différentes perfonnes étrangeres m'ont fait la queftion : *Si on pouvoit effectivement confier avec affùrance & avec fuccès le linge à la Machine?* Je ne puis que repondre affirmativement, & cela pour deux raifons.

La premiere eft, que le Menuifier, qui fait ici ces Machines, fuivant mon inftru-

*) Chap. II.

ction, & auxquelles feules je puis pour de bonnes raifons me fier , en a déja fait en fort peu de tems plus de 60, dont 25 environ ont paffé chez l'étranger, les autres ont refté ici ; & dans ces dernieres on a lavé plufieurs fois dans mon menage & dans différents autres, & toûjours avec le plus grand fuccès.

La feconde raifon que je puis alleguer, confifte, outre les quatre expériences mentionnées ci-deffus, en de nouvelles preuves toutes récentes, dont je donnerai ici le detail, & qui pourront fervir en même tems de temoignage le plus fûr de l'utilité évidente de cette nouvelle methode.

Il y a quinze jours qu'on fit chez moi une leffive dans la Machine ; ce fut la quatrieme ; l'opération s'exécuta par les blanchiffeufes ordinaires de la maifon, de même que la fois précédente.

Il y avoit 426 pièces de linge : fçavoir: 11 Nappes , 52 Serviettes , 18 Effuimains & torchons, 12 Nappes à Caffé ; 8 Draps de lit, 6 Tayes de lit, 35 Tabliers; 50 Chemifes, 45 Mouchoirs, 31 Bonnets de femme , 20 Serretêtes, 12 paires de

Manchettes, 4 paires de Gants, 14 paires de Bas, 7 Chemises fines, 18 paires de fausses Manches, 23 Cravattes, 7 Mouchoirs de coû, 3 Mantelets, 2 petites Vestes.

On y employa deux blanchisseuses, qui firent seules le blanchissage dans la Machine ; elles laverent dans la cour & en plein air, rincerent le linge propre & le suspendirent pour le sécher ; une troisieme personne s'occupoit à savonner le linge. Le premier jour on commença l'ouvrage à 7 heures du matin, & on le quitta à 4 heures du soir ; le lendemain on recommença à 7 heures & à 9 heures du matin tout le blanchissage fut achevé, le linge suspendu, & les blanchisseuses congediées, tout l'ouvrage a par conséquent duré à peine 12 heures.

Toute cette lessive ne coûta que deux livres & demie de savon, au lieu de six livres qu'il y fallut autrefois par la methode ordinaire. L'épargne du bois fut encore plus considérable, on n'en usa, tout comme au troisieme essai, que la huitieme partie qu'une lessive de pareille quantité de linge exigeoit auparavant, & on n'a eu befoin d'aucune chandelle.

Cependant le Linge n'étoit pas moins dans ce peu de tems, & avec ces différens articles d'épargne d'une propreté & d'une blancheur, que l'on n'auroit jamais pû attendre d'une leffive ordinaire faite en hiver, où tout le linge devoit être féché devant le poële.

A cette expérience faite chez moi, j'ajoûte une *feconde* faite dans une autre maifon.

Une perfonne du voifinage fortement prévenue contre cette nouvelle methode de laver, croyoit foutenir avec fondement, qu'elle ne pouvoit être avantageufe ; mais d'autres l'ayant affûrée du contraire & mème de l'avoir trouvée fi excellente par préférence, à ne vouloir plus faire d'autres leffives, la fantaifie la prit de l'effayer à fon tour ; elle nous demanda notre Machine, qui lui fut prêtée à l'inftant.

La leffive confifta, fuivant un memoire

qu'elle m'a remis, en 559 pièces ; fçavoir : 18 Serretètes, 24 grands Tabliers,
13 Tabliers ordinaires, 5 Jupes piquées
& d'autres, 7 Mantelets, 190 Serviettes, 42 Effuimains, 8 Nappes, 32 Chemifes fines, 4 Chemifes de nuit, 5 paires de Draps de lit, 12 paires de Tayes
de lit, 37 Bonnets de femme, 8 Chemifes d'enfans, 6 petites Veftes, 47
Mouchoirs, 27 paires de Bas.

Elle n'employa depuis le commencement jusqu'à la fin de cette leffive qu'une
feule perfonne, hors la fervante, qui
en outre quitta fouvent la béfogne pour
vaquer à d'autres occupations, & ces deux
perfonnes feules étoient obligées de favonner le linge, de le laver dans la Machine, de le rincer dans de l'eau froide
& de le fufpendre. L'eau fut chauffée
dans un petit chaudron au foyer de la
cuifine, & on lava dans la chambre en
tout pendant deux jours depuis 9 heures
du matin jusqu'à 6 heures du foir. On
n'a pas exactement remarqué l'épargne
qu'on avoit faite en favon & en bois,
mais on a trouvé qu'elle étoit confidéra-
ble pour les deux articles. Le linge

étant devenu parfaitement propre & blanc,
la perfonne en queltion en a d'autant plus
de joye, qu'elle manque dans fa maifon
d'un lieu commode pour faire la leſſive à
la maniere ordinaire, ayant jusqu'à pré-
fent toûjours été obligée de la faire hors
de chez elle, & qu'elle pourra moyennant la Machine, qu'elle a d'abord com-
mandée, la faire dorénavant dans une de
fes chambres.

SECONDE OBSERVATION.

Non obftant tous ces fuccès favorables
rapportés felon la plus exacte verité, il
s'eft pourtant trouvé des perfonnes qui
n'ont pas réuſſi avec cette nouvelle maniere de laver; & ce feroit pècher contre
la fincerité, que de vouloir à deſſein le
paſſer fous filence.

Dans quelques opérations le linge n'eft
devenu rien moins que blanc & propre;
d'autres perfonnes ne purent presque pas
venir à bout de laver, parceque tout fe
fit avec peine, & que l'ouvrage paroiſ-
foit rude; d'autres encore eurent mème
D 4

le défagrément que le linge s'eſt uſé, &
qu'une pièce ſurtout fut dechirée dès le
premier eſſai.　On imagine bien, que
ces perſonnes, parlant après leurs pro-
pres expériences, n'ont pû louer les avantages de la nouvelle methode.

Il m'importoit trop d'ètre bien inſtruit
de cet accident & de ſa cauſe ; &
j'ai fait des informations fort exactes tant
par moi mème que par d'autres.　Il en
réſulta, qu'il eſt provenu de ce qu'on
n'a point ſuivi exactement les règles pré-
ſcrites dans ma diſſertation, où j'ai indi-
qué toutes les précautions neceſſaires.

Toutes les Machines qui occaſionne-
rent ces plaintes, furent faites par des
Ouvriers, qui manquoient d'intelligence,
d'outils, d'application neceſſaire &c. & qui,
non obſtant mes avis, crurent, que la Machine ne pourroit manquer d'ètre bien
propre à laver, pourvû qu'elle reſſemble à
la figure gravée, & à la Machine du Menuiſier entendu & expérimenté.　Il ne
faut cependant qu'avoir la vuë & le tact
bon, pour voir au premier coup d'œil, &
en y touchant, la grande différence qu'il

y a entre ces Machines & celle dudit Menuifier; & il eft évident, que ces effais
manqués ne peuvent ètre attribués qu'à
la conftruction fautive de ces Machines.

Il n'eft pas poffible dans ces Machines
mal faites, que l'ouvrage n'y foit peni-
ble, & que le linge y devienne propre;
ajoûtez à cela, qu'il y avoit des perfonnes qui vouloient épargner abfolument
tout le favon; d'autres rempliffoient toute
la Machine de linge & la laiffoient manquer d'eau neceffaire; d'autres encore
jouoient plûtôt en tournant le Laveur,
aulieu de lui donner le dégré requis de
mouvement. Avec de femblables defauts, & quand on pêche contre toutes
les règles indiquées, on ne doit point
ètre furpris, fi les opérations n'ont pas
réuffi.

Si enfin le linge s'eft trouvé ufé & dé-
chiré, cela provenoit de la rudeffe de ces
Machines, qui n'étoient pas fuffifam-
ment polies, & de la pofition & du mouvement contraire du Laveur. Ce qu'y
contribua encore beaucoup, c'eft qu'on
fe fit montrer le maniement de la Ma-

chine par des perfonnes, qui elles mêmes n'étoient pas affez inftruites. Je l'ai dit, & je le répéte ici, que la réuffite depend beaucoup de la conftruction de la Machine, & de l'attention que l'on doit du moins prêter aux premieres opérations.

TROISIEME OBSERVATION.

Il faut cependant rendre juftice à ces Machines même, dans lesquelles lesdits accidents font arrivés : il y a des perfonnes, qui ont affûré d'y avoir parfaitement bien réuffi dans leurs premiers effais; aulieu que dans deux occafions les opérations ont manqué dans la Machine de mon Menuifier. Mais voici les raifons de ces deux mauvais fuccès : la premiere fois on remplit la Machine de linge, & on la laiffa manquer de l'eau fuffifante. On remédia enfuite à ces deux defauts, & tout réuffit à merveille.

On decouvrit au fecond exemple une forte de méchanceté, qu'on auroit eu de la peine à imaginer. Après qu'on a placé la Machine, & donné l'ordre exprès à la blanchiſſeuſe de laver ſans y rien changer, les principales perſonnes s'étant retirées, elle baiſſa le Laveur jusqu'au fond, & le tourna avec tant de violence, que le linge s'eſt non ſeulement uſé entre le fond & les battoirs, mais qu'après qu'on a ſorti le linge & fait decouler l'eau, on a apperçu au fond même un cercle creux formé par le frottement des battoirs. Le Menuiſier a auſſitôt mis obſtacle à cette méchanceté, en collant à l'axe du Laveur une petite cheville, qui ne permet au Laveur de toucher le fond, & d'être baiſſé au-delà qu'il eſt beſoin.

QUATRIEME OBSERVATION.

La deſcription de la façon de gouverner cette nouvelle Machine n'ayant pas paru aſſez claire à quelques uns; j'eſſayerai d'en donner une plus préciſe.

Qu'on ſe place devant la Machine à laver de ſorte qu'on ait par exemple le viſage tourné vers le midi, ayant l'occident à la droite, l'orient à la gauche & le ſeptentrion derriere le dos; qu'on empoigne après cela de la main droite le bras de mouvement de la Machine, qu'on le tourne de la droite vers la gauche en le paſſant devant ſon corps, & continuant ainſi cette route jusqu'à ce que le bras de mouvement ait décrit au-delà d'un demi cercle; qu'on retourne après en la même direction du côté gauche vers la droite jusqu'à ce que ledit bras de mouvement ſoit encore parvenu au point d'où il étoit parti ; en continuant de cette façon à mouvoir la Machine tour à tour & avec viteſſe pendant le tems préſcrit, on peut être ſûr de la bien gouverner.

CINQUIEME OBSERVATION.

La quantité de linge requiſe pour une miſe dans la Machine, celle de l'eau & la poſition du Laveur ont fait naître quelques difficultés.

On ne peut pas determiner exactement la quantité de linge, qu'il faut pour une miſe; on n'a qu'à l'eſſayer avec peu & aller toûjours en augmentant autant que l'on voit, qu'il blanchit bien. Pour ce qui concerne la quantité de l'eau, il vaut mieux en mettre trop que de n'en pas mettre aſſez; la proportion la plus juſte eſt gardée, lorsque tout le linge nage dans l'eau, & qu'on entend en tournant le Laveur un petit battement de l'eau. Les battoirs du Laveur, en le mettant dans la Machine, doivent avoir deux tiers, d'enfoncés dans l'eau, & la troiſieme partie avec la platine doit reſter au-deſſus de l'eau.

SIXIEME OBSERVATION.

Comme il eſt d'uſage dans quelques grandes villes d'Allemagne de ne laver dans les grands menages que deux fois par an; on n'a pas de peine à concevoir, que le linge étant en très grande quantité, on ait auſſi beſoin de beaucoup d'ouvriers, & que la leſſive doit durer pluſieurs jours de ſuite. On m'a donc fait entendre de quelques endroits, que la nouvelle Machine n'y pourroit pas avoir lieu.

C'eſt préciſement en pareil cas, je

penſe, que l'uſage de la Machine devroit préférablement ſe faire. On n'auroit, à mon avis, que faire une leſſive tous les deux ou trois mois, aulieu de n'en faire que deux par an ſeulement, & de cette maniere on ne ſeroit pas ſi embarraſſé d'avoir les ouvrieres au tems que l'on veut; on pourroit même très bien ſe paſſer de pluſieurs de ces perſonnes.

SEPTIEME OBSERVATION

Il ne paroiſſoit pas ſuffire à quelques perſonnes, qu'on ne pouvoit laver en un quart d'heure plus de linge que la capacité du Lavoir admet; on ſouhaita qu'on y remédiât; pour ne rien laiſſer à déſirer, j'ai donné une idée à mon Menuiſier, par laquelle vraiſemblablement cela ſe pourra effectuer; il l'a ſaiſie & il y travaille actuellement. Si le ſuccès repond à mon attente, je ne manquerai point d'en rendre public le deſſin, la deſcription & l'uſage.

De l'Imprimerie de JEAN HENRY HEITZ,
Imprimeur de l'Univerſité.